未来能源
让世界动起来

探索月球
神秘而强大

神奇地球
蔚蓝的家园

神秘机器人
工智能和超级好帮手

第一辑·全10册

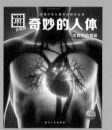
奇妙的人体
大自然的奇迹

深海之谜
生机勃勃的黑暗国度

太空之旅
深入宇宙的探险

走进热带雨林
地球的绿色宝藏

第二辑·全10册

学 好奇 科学 改变未来

宇宙中的星体
打开探索宇宙的大门

伟大的发明
天才与灵感的杰作

神奇的火车
沿着轨道驶向未来

沙漠之旅
驼队、绿洲和无尽的远方

第三辑·全10册

显微镜探秘
肉眼看不见的微小世界

野生动物
从未被征服的野性

奇趣萌宠
人类的好朋友

鸟类不简单
天空中的杂技演员

第四辑·全10册

神秘的古埃及
尼罗河畔的金色帝国

印第安人
北美原住民

伟大的探险家
追随他们的脚步，探索全世界

未来世界
一切皆在变化之中

第五辑·全10册

蛇的故事
拥有敏锐感官的猎手

考古探秘
发掘历史的宝藏

马的生活
人类忠实的伙伴

舞蹈的魅力
舍拍起舞

第六辑·全10册

生物质资源
植物动力引领未来

石器时代
火的控制与使用

第七辑·全8册

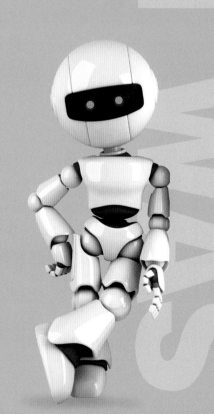

WAS
IST
WAS
珍藏版

德国少年儿童百科知识全书

蛇的故事

拥有敏锐感官的猎手

[德] 尼科莱·施拉夫斯基 / 著　　冯瑷媛 / 译

航空工业出版社

方便区分出
不同的主题！

真相
大搜查

19

非洲的食卵蛇可以吞下比
自己的身体厚一倍的蛋！

10

在一些文化中，蛇被
当作神来崇拜。

4

与捕蛇人一起来一场
捕蛇之旅，看看捕蛇
人的孩子经受住哪些
考验了吧！

36

一个对付敌人的绝招：
直接张大嘴！

是什么在游动？海蛇
喜欢温水环境。

44

符号▶
代表内容特别有趣！

重要名词解释！

42

人工喂养的蛇包括水游蛇、
极北蝰等。他们都在哪里生
存呢？哪些蛇已经濒临灭绝
了呢？

"蛇王"捕蛇只需一根"丁"字形的木棍，再加上非常丰富的经验。

我不怕蛇。将来我也要做捕蛇人。

第一个勇气测试：哈桑必须爬到饲育箱里去。为保证哈桑的安全，他父亲在家里备着解毒药。

与"蛇王"同行

天气很热，火辣辣的阳光从天空直射下来。哈桑和阿里正同他们的父亲一起，寻找危险的毒蛇。弟弟哈桑今年5岁，哥哥阿里今年7岁，两人都精通捕蛇。他们每个人的手里都拿着一根木棍作为搜索工具。他们的眼前是密密麻麻的灌木与草丛，每处都可能有毒蛇藏在里面。

突然，哥哥阿里发现了一条毒蛇。这条蛇的移动速度很快，而且还具有攻击性。阿里用棍子捅了捅毒蛇，毒蛇一跃而起！阿里闪电般地伸手，"啪"的一声，他抓住了毒蛇的尾巴！毒蛇被头朝下倒挂着。它扭动着，妄图用剧烈的动作挣脱束缚。阿里抓着甩来甩去的毒蛇，就像在抓一根难以驾驭的绳子。

"把它夹到两腿中间！"阿里的父亲喊道，"把它夹到两腿中间去！"

最终，阿里成功把毒蛇夹在了两腿中间。毒蛇马上向阿里的腿咬去。但是，阿里的裤子是用特殊材料制成的，蛇牙根本咬不破。

阿里的父亲满意地走过来，小心翼翼地将毒蛇装进一个袋子里。他专门捕捉毒蛇，在整个伊朗以"蛇王"的称号闻名。他会把捕到的毒蛇卖给一个研制解毒药的研究所。

每次"蛇王"父亲去捕蛇的时候，他的两个儿子都会陪同前往。儿子们也想成为和父亲一样出名的捕蛇人。当乡亲们发现有蛇藏在家里的时候，也总是会找"蛇王"父子帮忙。在伊朗，蛇是很常见的。

只要"不怕"

有一次，为了抓一条眼镜蛇，"蛇王"甚至要爬到树上去。没人敢接近那棵树，但"蛇王"却爬了上去。他用棍子追赶眼镜蛇，最后徒手抓住了它。可双手抓着蛇，要怎么从树上下来呢？"蛇王"直接把眼镜蛇的头塞进了嘴里。只有这个方法，能让他空出双手从树上下来，也能保证眼镜蛇既不能乱咬，也不能逃之夭夭。

"蛇王"想尽办法训练他的孩子们，提高他们的捕蛇技能，磨炼他们的意志。他希望孩子们能够成为和他一样优秀的捕蛇人。

有一天，哈桑迎来了一个大考验！他必须证明自己对蛇毫不畏惧。为此，他爬进了一个大的饲育箱。他父亲往箱子里放了30条蛇——所有的蛇都有剧毒。3条危险的眼镜蛇对着哈桑发出嘶嘶声，有些蛇盘绕在他头颈周围，有的甚至还爬到了他的脑袋上。哈桑非常轻松地躺在蛇中间，没有丝毫恐惧。"蛇并没有把哈桑当作人类。""蛇王"解释道，"蛇可以嗅到危险的气息，只有那时他们才会咬上去。"当哈桑从饲育箱里爬出来的时候，他就是一个真正的捕蛇人了。

第二个勇气测试：把蛇含在嘴里。重要的是，嘴里不能有伤口，否则蛇毒会通过伤口起作用。

"蛇王"嘴里叼着眼镜蛇，从树上爬下来。

阿里在向弟弟演示如何制服一条捉来的蛇：把蛇夹在两腿之间。这个技巧哈桑还需要学习。

蛇生活在哪里？

除了北极和南极这两个极寒地区，蛇几乎遍布世界各地。世界上蛇的种类超过3 000种。它们生活在地面、树上、水中、沙漠里，以及所有人类能生存的地方。

1 爱尔兰

爱尔兰（没有蛇）

在上一个冰川时代，由于寒冷的气候，蛇在爱尔兰绝迹。在那之后，蛇再也无法到达这个四面环海的岛屿。

2 北美洲／美国密苏里州

铜头蝮

这种毒蛇主要分布在北美洲。值得庆幸的是，这种蛇的毒液对人类来说并不致命。

3 意大利南部

豹纹锦蛇

这种害羞且身形细长的蛇喜欢干燥而温暖的环境。豹纹锦蛇无毒，善于攀爬。

4 墨西哥／美国加利福尼亚州

玫瑰沙蚺

这种拥有美丽条纹的玫瑰沙蚺生活在北美洲的南部。它们一般晚上出来觅食，而且是无毒的。

6 非洲北部

角蝰

这种头上长角的蛇完美地适应了沙漠生活：在炎热的天气里，它们会把自己藏在沙子里。

5 亚马孙地区

水蚺

这种世界上最大的蛇喜欢潜伏在水中，偷袭它的猎物，然后勒死它。

7 | 瑞典北部

极北蝰

我们甚至可以在北极找到这种毒蛇。

长吻海蛇

这种细长的爬行动物是唯一一种出没于夏威夷的海蛇。它依靠毒液在海中捕食鱼类。

8 | 太平洋

9 | 印度尼西亚

管 蛇

人类几乎从未见到过这种蛇，因为管蛇主要生活在几米深的地底下。

10 | 印 度

金花蛇

这种毒蛇甚至会"飞"呢！凭借完美的身体摆动，它们可以从一棵树跳到另一棵树上。

11 | 澳大利亚

内陆太攀蛇

内陆太攀蛇是世界上毒性最强的蛇。它生性害羞，最喜欢捕捉老鼠。内陆太攀蛇主要生活在澳大利亚中东部。

12 | 南 非

鼓腹咝蝰

鼓腹咝蝰善于伪装。它常常潜伏在猎物周围。这种蛇的毒性很强，已经毒死过很多人了。

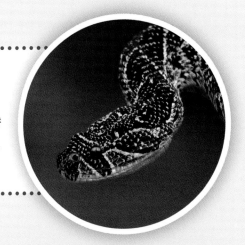

人类与蛇的共存方式

作为与人类生活息息相关的动物，蛇出现在这个世界上的时间比人类更早。人类拥有容量巨大的大脑和一双目视前方的眼睛，这可以帮助人类及时发现隐藏起来的蛇。即便如此，蛇的样子在很多人眼中，仍然是很可怕的。这种畏惧可以使人类免受伤害。相比那些不会引起恐惧的生物，人类仍然能迅速地发现隐藏的蛇。

意大利科库洛的游蛇节

在距离罗马不远的山区里坐落着一座小村庄——科库洛。这里的常住人口数不到300。不同寻常的是，这里的居民会举行一个叫作"游蛇节"的庆祝活动。

住在科库洛的人们崇拜和赞美圣多梅尼科。传说很久以前，圣多梅尼科治愈了这里被

还好，网纹蟒已经吃饱了！

蛇咬伤的居民。甚至有传说认为他可以对蝰蛇和蝰蛇施魔法。

游蛇节的庆祝活动在每年五月举行。每到这个时候，成千上万的人会聚在一起。他们心情愉悦，就像去观看足球比赛一样。当地捕蛇人会去附近的山中捕捉尽可能多的无毒蛇。这些蛇会被挂在圣多梅尼科的雕塑上。然后，人们会抬着雕塑在街道上游行。

据记载，游蛇节已经有4000多年的历史了。许多游客会带自己的蛇来参加庆典——这些蛇会盘绕在主人的脖子上或在主人的头发里爬来爬去。捕蛇人会把蛇分给警察和主教们。小孩子们则把蛇缠绕在自己的脖子上，就像把花园里浇花的软管缠在脖子上一样，区别就是这根"管子"是有嘴的！

科库洛村民抬着圣人雕塑在街上游行。雕塑上挂满了蛇。

在澳大利亚，孩子们从小就必须了解穿着结实的鞋子是多么重要。

现在这条蟒蛇还算玲珑可爱。蟒蛇长大后，长度可达3米，不会再是孩子们的玩具了。

观看耍蛇的观众们都面带惧色地与眼镜蛇保持距离。其实，这些蛇的毒牙很可能已经被拔掉了。

印度的耍蛇人

印度几千年来一直都有一种职业叫耍蛇人。耍蛇人依靠饲养危险的眼镜蛇，并和眼镜蛇一同表演来谋生。参加表演的蛇生活在有盖的扁平篮子里。为了使蛇免受寄生虫感染，篮子内部的藤条都涂有牛粪。

表演时，耍蛇人会将篮子的盖子打开，然后吹奏一支像葫芦一样的笛子操控蛇进行表演。眼镜蛇听到笛声后，会扩张自己的颈部，并随着音乐左右起舞。其实蛇是聋的，它根本听不到笛声。

现今，印度开始禁止饲养眼镜蛇。因为很多耍蛇人会拔掉眼镜蛇的毒牙，导致很多眼镜蛇因此丧命。

在印度，当一个农民被毒蛇咬伤后，也会求助于耍蛇人。耍蛇人会用一种神秘的混合草药治疗中毒者。尽管如此，在印度每年仍有15 000～30 000人死于被毒蛇咬伤。

宠物蛇

世界各地都有人把蛇当作宠物饲养。养蛇并不是一件容易的事。首先，你要了解养哪些蛇是合法的。其次，你需要清楚养蛇的必要条件。你需要一个合适的饲育箱，箱里至少有一块地方比较阴冷，一块地方比较温暖。开始饲养后，你需要照顾宠物蛇10～15年。

有些品种的蛇很难饲养，当然也有好养一些的，比如玉米蛇。它们因腹部花纹像玉米而得名，主要以老鼠、鸟类为食，饲养时要注意保持环境的温暖和干净。

不可思议！

我能和蛇依偎在一起吗？是的，你能！在有些动物园里，你就可以获得这样的体验！

关于蛇的传说

人类与蛇共同生活的历史非常悠久，因此这种动物在很多古老传说中出现也就不足为奇了。蛇成为一种原始象征。

在一些传说中，蛇蜕皮的特点象征着改变和永生。然而，蛇毒却有着相反的含义——死亡。这样的特点，使蛇被古人认为是无法解释和神秘莫测的。蛇生活在地表，但是喜欢躲在洞穴中。因此，从前的人们常常想象蛇是与地下世界联系在一起的。蛇掌管着通向魔法和医疗知识的入口。于是，蛇被认为是充满了智慧的生物，是天地之间的调解者。

凭借自身许多不同的特征，蛇几乎存在于所有文化中。在一些文化中，它甚至被当作神来崇拜。在我国，蛇是十二生肖之一。在我国神话中，女娲是人首蛇身的形象。很多古代民间传说和志怪小说也会以蛇为主题，比如著名的《白蛇传》。

亚当和夏娃的故事

《圣经》中讲述了亚当、夏娃和蛇的故事。亚当和夏娃找到了智慧之树，但是他们不被允许吃树上结出的美味多汁的果实。这时，一条蛇出现了。它诱惑夏娃轻轻尝了一点智慧之果。亚当和夏娃因此受到责罚。那条引诱夏娃的蛇也受到了责罚——永远在尘土中爬行。

九头蛇的传说

在希腊神话中，赫拉克勒斯（大力神）必须与一个危险的怪物——九头蛇海德拉决斗。九头蛇非常厉害，它的其中一颗头要是被斩断，立刻又会生出两颗新头来。尽管如此，赫拉克勒斯还是赢得了这场战斗。每当他砍掉一颗蛇头，他的侄子伊奥劳斯就用火炬烧灼断颈。这样，海德拉的头就无法再长出来了。上图为16世纪德国插画家绘制的《圣经》中的七头蛇。

彩虹蛇

在澳大利亚原住民的想象中，彩虹蛇创造了地球。这条蛇很特别，因为它是雌雄同体的。在它处于雌性形态时，它是地球的守护者，创造了山脉、河谷和河洼。在它处于雄性形态时，它创造了彩虹。

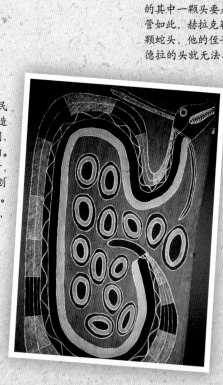

医学之神：
阿斯克勒庇俄斯

现今，在一些西方国家，一条被蛇缠绕的手杖仍然是医生和药剂师的象征。这个象征形象来源于希腊人崇拜的医学之神——阿斯克勒庇俄斯。传说他出诊时，总是随身携带一根缠绕着阿斯克勒庇俄斯蛇的手杖。在希腊供奉医学之神的庙宇中，也曾饲养着阿斯克勒庇俄斯蛇。

拉奥孔

面对久攻不下的特洛伊城，希腊人选择撤退，并留下了巨型木马。特洛伊的祭司拉奥孔曾试图警告他的同胞——不应将木马拉进城中。这时，两条蛇出现了，勒死了拉奥孔和他的儿子们。没有听从拉奥孔的警示，特洛伊人将木马拉进了城中。到了夜里，希腊士兵从木马的肚子里爬了出来，占领了特洛伊城。

印第安人的蛇舞

每两年一次，在八月底，美国亚利桑那州的霍皮族人会聚在一起跳蛇舞，借此祈求降雨和大丰收。他们会捕捉有毒的草原响尾蛇，并由祭司把蛇拿在手上，甚至放入嘴里。蛇舞结束后，他们会将蛇放在祈祷棒上释放，以此将人类的祈祷上传给众神。

毗湿奴坐在七头眼镜蛇上

印度教中两个重要的神——湿婆和毗湿奴，都与蛇有着密切的联系。湿婆是毁灭者，他的脖子上有一条眼镜蛇——象征着大地与死亡，也象征着与天国力量的联系。毗湿奴则被认为是世界的保护者。他在神蛇舍沙身上休息打坐。

库库尔坎

玛雅神话中讲到了强大的蛇神"库库尔坎"的故事。传说库库尔坎是从海洋中走出来的，只有当世界要毁灭时他才会返回海洋。他像鸟一样长着羽毛，他可以使人类重生。

知识加油站

▶ 传说埃及艳后克利奥帕特拉七世死于一条埃及眼镜蛇。

▶ 日耳曼人信仰一种能环绕世界的巨蟒。

▶ 传说曾有一条蟒蛇守护着希腊的德尔斐圣地。

在柬埔寨的市场上，蛇被当作普通的肉类售卖。
人们买来蛇肉，然后将蛇肉做成汤。

这些正威胁着蛇类生存

当栖息地遭到破坏后，
蛇就难以生存下去。

与许多动物类似，蛇的生存也受到人类的威胁。这其中最大的问题是——人类夺走了蛇的栖息地。人类填埋池塘，建造房屋、停车场和城市，导致蛇找不到藏身之处。与此同时，蛇的猎物也随之减少了。如果抓不到足够数量的青蛙或老鼠，蛇就无法生存下去。

还存在的一个问题是——许多人非常害怕蛇。直至 20 世纪 30 年代，人类都还会为杀蛇而支付赏金。即使大部分蛇无毒，仍然会被杀害。在一些国家，蛇被认为是美味佳肴，最终的归宿是烹饪的煮锅。有一些蛇会被非法捕杀，然后被加工成药品或手袋。有一些蛇甚至会出现在大型鳄鱼农场，被当作鳄鱼的饲料。

欧洲最稀有的蛇

在塞浦路斯岛，曾经生活着大量的塞浦路斯游蛇。因人类的捕杀，这种害羞的小蛇在 1960 年就被认为已经灭绝了。几十年来，人类再也没有发现过塞浦路斯游蛇。直到 1992 年，奥地利蛇学家汉斯－尤格·维德尔发现了一小

塞浦路斯游蛇是欧洲最稀有的蛇。目前只有大约100条还存活于世。

群这种蛇。多年以来，他一直致力于这种蛇的人工培育。同时，他也一直试图说服其他人：塞浦路斯游蛇是完全无害的，它们主要吃青蛙，偶尔也会吃鱼。

这种极少见的蛇可能只有100～200条，塞浦路斯政府应当采取措施来保护这些动物。河岸的植被如果不断减少，塞浦路斯游蛇的栖

在越南，人们把蛇浸在酒里售卖。据说这种蛇酒有治疗疾病的作用。

息地就会消失，导致塞浦路斯游蛇的数量变得更少，可能很快它会真的灭绝。

我们如何保护蛇？

蛇是害羞的生物。如果你看到一条蛇，千万要小心地远离，不要吓到它们；在任何情况下都不要试图抓蛇，或用棍子攻击它们。

你可以采取下列措施保护它们：你可以为保护蛇的栖息地做出贡献，例如在阳光明媚的斜坡上，堆一些石头，让蛇可以藏在下面；或者设法保留一个小池塘。你可以向其他人宣传蛇并不会轻易攻击人，减少大家对蛇的恐惧；还可以了解蛇在生态系统中的重要作用。最重要的是，抵制消费珍稀蛇类制作的物品。

蛇是维系自然界生态平衡的重要物种，而现在保护蛇类是一项艰巨的任务，我国已经为一些珍稀蛇类设立了自然保护区，例如保护蛇岛蝮的辽宁蛇岛老铁山国家级自然保护区、保护莽山烙铁头蛇的莽山国家级自然保护区等。我国也在打击非法捕杀、贩卖蛇类的违法行为。

由于蛇皮纹路美丽，所以蛇会遭到捕杀。它们的皮会被用来制作鞋子、手袋或皮带。

➡ 你知道吗？

如果你喜欢蛇，就永远都不要去参加美国得克萨斯州斯威特沃特（Sweetwater）地区举办的捕响尾蛇狂欢节。每年三月，成千上万的捕蛇人会聚集在那里。他们会想方设法捕捉响尾蛇。谁抓到的蛇最长，谁就可以获得400美元的奖励。所有被捕获的蛇都会被扔到一个游泳池大小的水池中。人们会摘除响尾蛇的毒腺，将它们剥皮，然后油炸。最后，人们一起高兴地享用蛇肉。

蛇——大艺术家

蛇的骨架构造要比人类的简单得多，分为头骨、躯干骨和尾椎。躯干骨主要由脊椎骨和肋骨构成。从骨架模型中我们就可以看出——蛇没有胳膊也没有腿，它们是依靠爬行向前移动的。蛇的肋骨通过关节分别与脊椎骨进行连接，根根分明。当蛇试图吞下一个很大的猎物时，它的肋骨就可以折叠起来，给猎物腾出空间。蛇的脊椎骨都是松散灵活地连接在一起的，这样可以使身体能够盘绕起来。一条细长的蛇，它的身体可以盘上十圈。

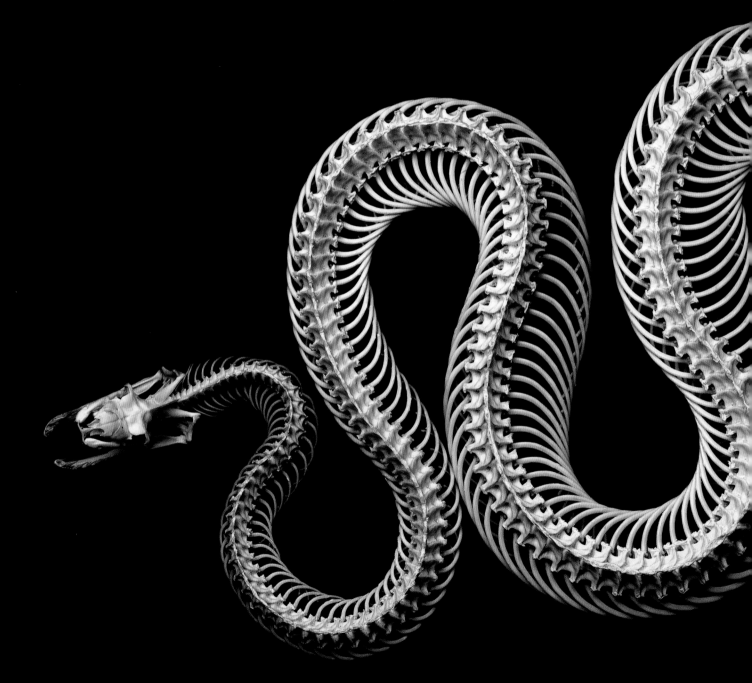

一切都变得很长

　　蛇的身体是长长的，因此所有的器官也都跟着变长。几乎所有的蛇都只有一片肺叶，肺叶位于身体的前端。另一片肺叶已经退化了或不存在。蛇的胃在身体中部，当然也像一根管子那么长。为了适应蛇的身体结构，连它的肝脏也像香肠一样是长条状的。

➡ 纪录
435 节
脊椎骨

那可能是一条很长的蛇，毕竟
人类一般也只有 26 节脊椎骨。

感觉器官

不同种类的蛇生活在不同地方：它们有些生活在地面上，有些则生活在地底下，有些生活在树上，还有些生活在水中。因此，蛇的感觉器官已经适应了不同的生活环境。

蛇的视力

蛇的视力好坏取决于其生活方式。

地下蛇几乎是瞎的，最多只能分辨出明亮和黑暗，有时地下蛇的眼睛甚至会被蛇蜕残留物遮住。

相比较而言，需要在白天捕猎的蛇视力会好一些。这类蛇常常有双带着圆形瞳孔的大眼睛，可以帮助它们看清移动的猎物。在捕猎时，为了能有更好的视野，它们经常竖起身子。

也有一些蛇，例如蝮蛇和一些热带蛇，它们只能在弱光下捕猎。为了让眼睛在明亮的阳光下不受伤害，这些蛇的瞳孔会呈一条垂直的细线状。在阳光直射下，它们的瞳孔可以做到几乎完全闭合。

蛇能听到老鼠的脚步声

蛇没有耳朵。如果它们有一对突出的耳朵，会极大地影响它们在茂密的灌木丛中穿行。事实上，蛇也没有耳道和耳膜。长期以来，人类一直认为蛇是聋的，因为即使我们在蛇旁边大喊大叫，蛇也听不见。蛇通过另外一种方式来感知声音。

蛇的头颅中有一个内耳。通过这个内耳，蛇可以接收到通过地面传到头骨的所有声波。如果蛇想听得清楚一些，它们会将下颌放在地面上。这样，它们就能清晰地感知到敌人的脚步声和猎物发出的沙沙声。蛇能在 150 米开外听到人类的脚步声，沙蟒甚至可以听到老鼠的脚步声！

绿树蟒的眼睛对光非常敏感。这类蛇主要在夜间捕猎。白天，它们的瞳孔几乎完全处于关闭状态。

有的蛇在白天狩猎，它们的瞳孔是圆形的。它们"Y"字形的舌头正在"全方位立体化"地识别味道。

在日本，人们会将水游蛇饲养在玻璃容器中。他们认为当水游蛇把下颌贴在地面上时，可以感知到地震。

绿曼巴蛇的上颌分布着它们的犁鼻器。它们会在那里辨别舌头从空气中收集的气味。

为什么蛇要不断地伸出舌头？

当一条蛇要在所处环境中辨别方向时，我们就会看到它的舌头不断地从嘴里伸出来。

即使蛇没有张开嘴，它的舌头也可以伸出来，这得益于它的嘴唇上为舌头留的小开口。

蛇是用舌头闻味道的！当它伸出舌头的时候，环境中的气味会粘在舌头上面。当舌头滑回口腔后，上面携带的气味会被擦拭在口腔后部的特殊器官上。这个特殊器官名叫犁鼻器，因为一位名叫雅各布森的研究人员发现了它，所以它也被叫作雅各布森氏器官。依靠这个器官，蛇可以非常准确地分辨气味。

同时，因为蛇的舌头是"Y"字形的，所以它甚至能够分辨出气味是从左边还是从右边来的。蛇通常都会让舌头一直保持运动状态，通过对气味的分辨，蛇可以判断出敌人潜伏、猎物隐藏或者伴侣所在的位置。

在沙漠中，蛇甚至可以用舌头探测到水——这是一种非常重要的能力！

颊窝

蝮蛇有一个罕见的感觉器官——颊窝。这是蛇嘴边缘的小孔，看起来像是额外的鼻孔。颊窝内是一层细胞层，其中的细胞对温度十分敏感。

科学家们曾用一条完全眼盲的蝮蛇进行过实验：在黑暗中，蝮蛇完美地捕捉到了猎物。这条蝮蛇用来感知热量的器官就是颊窝。凭借这个器官，即使在完全黑暗的环境中，蝮蛇也可以轻松感知到热量——温血小动物们在黑暗中仿佛为它们发着光。

这条铜头蝮也有颊窝，看起来像另一对鼻孔。这个颊窝可以被用来感知热量。

在可以感知热量的蛇看来，即使在黑暗中，小老鼠也像圆形图片里那样，仿佛为它们发着光。抓住这只小老鼠简直轻而易举！

知识加油站

▶ 蛇会借助皮肤上的触觉细胞感受猎物的心跳。用身体扼杀猎物的巨蟒会据此判断何时不必再紧锁猎物的身体。

▶ 蛇有感知地震的能力。因此，不少地方的地震台会通过观察蛇来预警地震。

小心，
血盆大口！

蛇没有手，这就使得一些行动变得非常困难，例如吃东西。蛇甚至没有真正意义上的牙齿可以咀嚼，只有尖尖的、向后伸出的针齿。那它们到底怎么吃东西呢? 非常简单：它们压根儿不嚼，直接把猎物吞下去。它们必须将嘴巴张大到极限，而且还要掌握一定的技巧，这样才能吞下比它们的头大得多的猎物。

如果比较人类的头骨和蛇的头骨，我们会发现：蛇有一根特殊的骨头连接上下颌。这根骨头在一些蛇身上是方形的，因此它被叫作"方骨"。这根骨头可以帮助蛇将下颌张到极限。

如果我们观察得再仔细些，就会发现蛇的头骨与人类头骨的第二个重要区别：蛇的下颌由不相连的两部分组成。如果蛇想要吞吃体积很大的猎物，它会展现出令人吃惊的本领。首先，蛇会将嘴张开，直到差不多可以容下整个

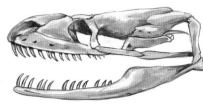

无毒蟒蛇的头骨：针齿是稍微向后倾斜的。

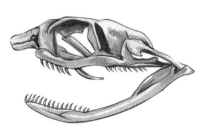

游蛇科一些毒蛇的毒牙远远地长在上颌后端。

球蟒甚至可以吞下一头小猪：它会张大嘴，把下巴从头骨上卸下来。

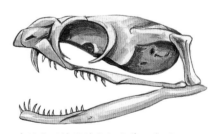

海蛇和眼镜蛇的上颌长着两个固定的大毒牙。

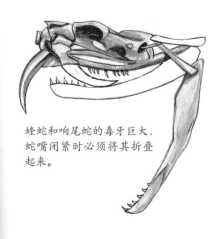

蝰蛇和响尾蛇的毒牙巨大，蛇嘴闭紧时必须将其折叠起来。

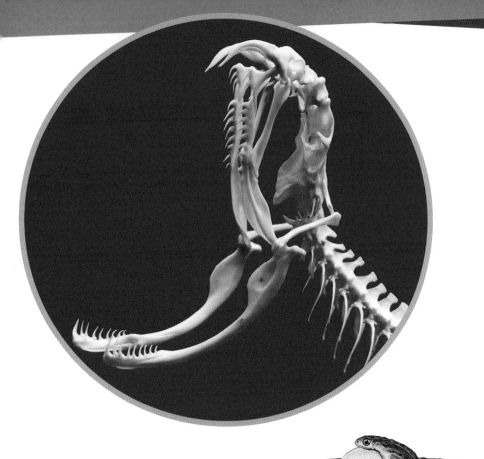

➡ 你知道吗？

蛇的牙齿很容易脱落。掉下来的牙齿会留在猎物体内，被蛇一起吞掉。当蛇频繁使用毒牙时，它的毒牙也会频繁地脱落。但这没关系，蛇的牙齿会迅速地再生。这点与人类完全不同。

同种类的毒蛇，毒牙的位置不同、长度各异。眼镜蛇和曼巴蛇在上颌的前部有短而固定的毒牙；蝰蛇的毒牙则又长又细，以至于当蝰蛇闭上嘴时，必须将毒牙折叠起来，否则可能会扎到自己；游蛇科内一些种类的蛇有毒，毒牙长在上颌后端。因此，这些蛇必须将猎物吞入，才能将毒液实实在在地注入猎物体内。

蛇的毒牙与其他牙齿有所不同：毒牙内部是管状空心的，或者在牙齿内部有个小槽。毒牙的这些特性可以帮助蛇将毒液注入猎物体内，使其失去反抗能力，最终死亡。

毒液是蛇的一种特殊的唾液，除了方便猎食和自卫外，也是一种消化剂。

猎物；然后，它会从骨骼连接处卸下下颌，仅用可拉伸的韧带和皮肤将下颌与头骨相连；最后，它慢慢地将猎物深深塞进自己的嘴巴，此时，下颌垫在猎物身体的下方，离头骨很远。为了使这一套流程正常进行，蛇的身体有一些得天独厚的特点：蛇的头部皮肤足够紧致，不会被这样的拉扯撕裂。蛇还长有尖锐的"獠牙"，就像向后伸进去的倒钩。猎物一旦被针齿扣住，就无法滑出。此外，蛇还会利用肌肉将下颌的两个关节和上颌来回移动，将猎物非常缓慢地推入喉咙。蛇的身体也会配合着慢慢前进，尽量吞入猎物。当猎物完全被吞食，蛇会把下颌重新固定在头上。它会张嘴闭嘴几次，直到头部的骨头全部恢复原状。

非洲的食卵蛇几乎只吃蛋。蛋的厚度通常是食卵蛇自身的两倍。因此，它在进食过程会松开下巴。吞下蛋后不久，它就会把蛋壳吐出来。那食卵蛇是怎么打碎坚硬的蛋壳的呢？它的秘密武器是喉咙区域的一个长长的、齿状的棘突。这个棘突可以在它吞蛋时切开蛋壳。

致命的管状毒牙

除针齿外，有些蛇的上颌还长有特殊的毒牙。眼镜蛇科、蝰蛇科，以及部分游蛇科和新蛇小目中的蛇都用毒牙来制服和杀死猎物。不

匍匐前进

蛇没有腿，不能像人类一样走路。但令人惊奇的是，它们仍有许多前行的方法。其中一些姿势我们人类也可以伏在地上模仿。

这幅图是摄影师对着一条从树枝上跳下来的金花蛇连拍了八次合成的。这条金花蛇用尾巴推开树枝借力。

游 泳

许多蛇都会游泳，有些蛇甚至大部分时间都生活在水中。它们游泳的姿势和在陆地上蜿蜒前行的姿势很像。蛇在水中蜿蜒游动时激起的波浪，从前向后越来越大。生活在水里的蛇身体扁平，这样的身材有助于减少游动时的阻力。

蜿蜒前行

蛇最常见的移动方式是以"S"形蜿蜒前行，这样它们就不会在前进过程中撞到树木或石头。这种移动方式在灌木丛或草地上的效果尤其好。但如果是在一块阻力很小的玻璃板上，它们就很难靠这种方式移动了。

倒着爬行

蛇不喜欢倒着爬，它们宁可找个地方掉头，沿着原路重新爬回去。如果掉头不可能，它们才会尝试倒着爬行。在倒着爬行时，它们肚子上的鳞片很容易卡在地面上。蛇不得不小心翼翼地将鳞片抬离地面，这导致倒爬的速度变得缓慢。

侧面迂回行进

为了能在滚烫的沙砾上前行，蛇变得富有创造力。如果它们把整个身体都贴在沙子上滑动，很快就会被烫死。因此，蛇会抬起大部分身体，然后侧身滚动，只用两点与沙子接触。这样沙面上就会留下一条奇怪且不连贯的爬行轨迹。

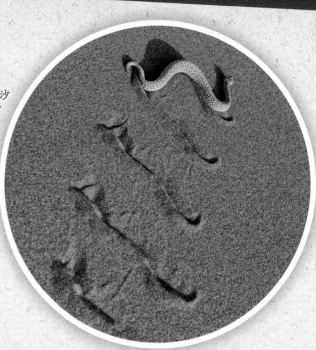

伸缩前进

生活在地下的蛇经常将它们的身体弯曲，折成许多段，并像楔子一样紧紧地固定在缝隙中。然后，它们伸展自己的身体，向前移动。王蛇正是以这种方式从草地爬上树。

毛毛虫式爬行

这种前进方式常见于体形笨重的大蛇，比如蝰蛇和蟒蛇。蛇趴在地上，移动肋骨向前，然后波浪形的运动传遍全身。这让人想起一只巨大的毛毛虫。

知识加油站

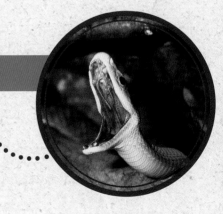

▶ 世界上速度最快的蛇是黑曼巴蛇，它的前进速度可达每小时 20 千米。

▶ 攻击猎物时，加蓬咝蝰的速度可达每小时 85 千米。

蛇靠什么 维持体温？

蛇与人类截然不同。无论外界温度是高还是低，人的身体始终维持恒温。蛇则相反，它们的体温随着环境温度的变化而变化。天气寒冷时，它们的体温降低。受此影响，它们会变得僵硬而呆滞，不能很好地抵御天敌，也很难捕捉到猎物。如果外界比较温暖，蛇的体温也会随之变高，动作也会变得敏捷。因此，蛇喜欢在温暖的阳光下待着，也喜欢靠在被阳光晒热的岩石上取暖。

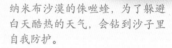

纳米布沙漠的侏咝蝰，为了躲避白天酷热的天气，会钻到沙子里自我防护。

我是一条极北蝰，我喜欢在太阳底下待着。如果我觉得足够暖和了，我就去找吃的！

➡ 你知道吗？

为什么蛇是节能方面的世界冠军呢？
· 它们始终趴在地上。
· 它们移动起来非常省力。
· 它们体温特别低。
· 它们可以很久不吃不喝。
· 相同体重的鸟类或哺乳动物需要的食物大约是蛇的 10 倍。

蛇喜欢多高的温度？

30 摄氏度左右是最适合蛇生活的温度。这也是热带地区有那么多种蛇的原因。热带雨林特别适合蛇生存：雨林里总是温暖的，而且有足够多的藏身之处。在一定温度范围内，环境越温暖，蛇就能长得越大。

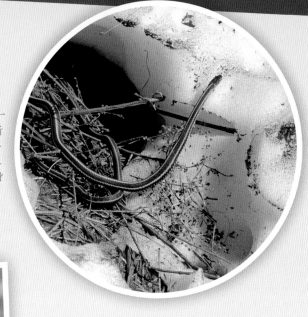

束带蛇是唯一一种可以在阿拉斯加生活的蛇。早春时节，它会从自己冬眠的栖身之处爬出来。

生活在沙漠里的蛇通常是浅色的，因为浅色的皮肤在阳光下不会吸收太多热量。

在炎热的环境中，蛇有什么生存诀窍？

蛇喜欢温暖的环境，但不能太炎热，否则它们也会觉得热过头。如果环境的温度太高，蛇就必须找个遮阳的地方躲起来，比如岩石下或某条窄缝里。有些蛇甚至会钻到沙子里。生活在沙漠里的蛇通常只有晚上才出来狩猎。

在寒冷的环境中，蛇有什么生存诀窍？

一个地方越冷，生活在其中的蛇类就越少。这些生活在寒冷地区的少数派擅长适应低温环境，它们普遍偏小，体形长而瘦。它们通常是深色的，以便能更好地吸收太阳辐射的热量。这样的身体可以帮助它们尽快提升体温。

天气变冷时，蛇的消化功能会变差。极端情况下，已经吞入胃中的动物还没消化完就会腐烂。为了帮助消化，一条在寒冷地区冻僵的蛇必须躺到阳光下暴晒。

生活在寒冷地区的蛇大多在体内孵化卵。这样，当它们躺在阳光下时，就能够很快加热体内的卵，小蛇就能更早地孵化出来，享受更多的夏日阳光。

西部鞭蛇捕猎时的速度很快，因此这种蛇需要很高的体温。它们特别喜欢晒太阳，也愿意承担晒太阳带来的风险。

有趣的事实

白蚁洞穴的剧毒访客

白蚁洞穴里常年维持着 30 摄氏度左右的宜人温度。因此，剧毒的黑曼巴蛇有时会造访白蚁洞穴取暖。

寻找伴侣，产卵孵化

由于蛇通常都是独行侠，所以对它们来说，找到合适的伴侣有时是一件困难的事情。

在寒冷的地区，某些种类的蛇会上百条一起聚集在一个山洞里冬眠。当春天到了，它们醒来时，就会利用这种聚集在一起的机会交配。交配过后它们就会四散离开。在温暖的地区，蛇则需要依靠自己出色的嗅觉寻找伴侣。当一条雄蛇找到雌蛇，它会尽力吸引雌蛇，促使雌蛇进入交配状态。它会紧贴在雌蛇身边，或是温柔地伏在雌蛇的背上。

很多大型蛇，如蝰蛇、蟒蛇、响尾蛇等，雄蛇会通过互相争斗来赢得交配的权利。它们会竖起自己的身体，并且试图将另一条蛇推倒。但它们不会使用自己危险的蛇牙互相攻击。

在不知情的情况下，我们可能会认为两条蛇在拥抱。

黑眉锦蛇将卵产在温暖潮湿的地方，然后就径直离开了。

某些蛇，如束带蛇，在交配时，无数雄蛇会彼此裹缠在一起，绕成一个大团，与蛇群中间的雌蛇进行交配。

一条小蟒蛇正从妈妈的肚子里钻出来。

它从一颗卵开始发育，是在妈妈的肚子里长大的。

它的母亲可以一个接一个地生下大约 40 条小蛇。

所有的蛇都会产卵吗？

大多数蛇都会产卵，并且它们是非常糟糕的父母。雌蛇只是将卵埋在沙子里，或产在腐烂的木头之间，然后就离开了。至于卵会不会孵化，雌蛇并不关心。它们唯一担心的是能否找到一个安全的、温暖的、足够潮湿的地方去安放自己的卵。蛇卵的壳像纸一样薄，可以很好地渗透水分。

不同的蛇，单次产卵数量差别很大：有些蛇每次只能产 1~2 个卵，有些则能产到大约 100 个卵。

只有几种蛇在产卵后会保护自己的卵。眼镜王蛇会用树叶筑起坚固的巢，并在巢里存放多达 40 个卵。雌蛇会蜷缩在巢的上方，防御

豹斑蛇的交配可持续数小时——看上去像在打架。

敌人的进攻。眼镜王蛇作为世界上最毒的蛇之一，这种防御相当有威慑力。蟒蛇不会筑巢，但它们会用身体紧紧裹住产下的卵。如果卵的温度变得太低，蟒蛇的肌肉就会开始颤抖，以此将卵加热。

水栖海蛇、束带蛇和极北蝰等蛇发明了一种隐藏卵的方法：它们把卵带在自己身体里。这样，卵被偷这种事情就不可能发生了。此外，将卵带在身上的好处还有——卵的温度和雌蛇的体温始终相同。雌蛇晒太阳的时候，卵也会变得温暖。卵孵化完成后，幼蛇会从母亲体内钻出来。

如果你看到一条小眼镜王蛇从卵里钻出来，说明它的妈妈就在不远的地方。不同于大多数的蛇，眼镜王蛇会照顾自己的卵，直到幼蛇破壳。

巨蟒——
用坚硬如钢的
身体缠杀

这条蛇把我抱得有点儿紧，它不能换个地方吗？

所有的蛇都是食肉动物。小到蚂蚁，大到瞪羚，都有可能是蛇的猎物。猎物的种类取决于蛇的体积——蛇越大，它的猎物也就越大。不太危险的猎物，比如青蛙，蛇会一口将其吞掉。有防御能力的猎物则首先会被杀死，然后蛇再将其一口吞下，而且一般都是从头开始吞。

面对用身体缠杀猎物的巨蟒，人类有胜算吗？

即使对一个强壮的男人来说，蟒蛇也是十分危险的。农夫本·纽姆贝非常了解这一点。

那是一个黄昏，他感觉好像踩到了什么柔软的东西。几秒钟后，他就被蟒蛇结实的身体绕住了双腿，并把他拽得越来越紧。极度恐惧下，本咬了蛇的尾巴一口。蛇居然发出了声音——听起来像是婴儿的尖叫声。但蛇并没有放开本，反而将本这样一个强壮的男人拖上了一棵树——离地有3米高！在树上，本终于成功用手机向朋友发出了求助的信息。本和这条蛇在树上缠斗了两个小时后，本的朋友终于来了。他们齐心协力，用一块布和一条绳索绕在蛇的头上拼命拉。终于，蛇渐渐脱力，本趁机跳下了树。到了晚上，蛇也从树上离开了。本很确定，他会永远记住那条尾巴上有咬痕的蛇。

农夫本·纽姆贝对那个人生中最黑暗的夜晚记忆犹新。他当时竭尽全力，与那条会勒死人的蟒蛇搏斗，让它远离自己的脖子。幸运的是，他成功了。

强壮的猎手

很多巨蟒会用身体紧紧缠绕住猎物，并且会在猎物每次呼气时勒得更紧。只有当它们感到猎物不再呼吸，并且心跳停止时，它们才会放松下来。对于这条凯门鳄来说，目前的形势看起来不妙。

响尾蛇喜欢生活在干燥和炎热的地区。它们攻击敌人之前，会先用尾巴发出警告。

非洲树蛇毒性非常强。这种蛇生活在很高的树枝上，很害羞，很少咬人。

被黑曼巴蛇咬一口，大约30分钟后就会死亡。

毒　蛇

大多数的蛇都是无毒的。世界上大约有700多种蛇会对人类构成威胁，这其中大约有250种蛇是有致命毒性的。每年有大约5 000 000人被毒蛇咬伤。目前还没有明确的统计数据可以告诉我们有多少人会因此丧命，估计为20 000～100 000人。受害者以农民、儿童和妇女居多，大多来自热带农村地区，因为在这些地方，医院数量很少。在毒蛇遍布的

澳大利亚却很少有人死于被毒蛇咬伤，因为这里各个地区的医院中都储存着解毒剂。

毒蛇是怎么杀人的呢？

毒蛇一般都很小心。它们会以迅雷之势咬住猎物，往猎物体内刺入毒液，并迅速撤回，然后它们会与猎物保持安全距离进行观察。蛇毒会在猎物体内渐渐发挥作用。只有当猎物真的死了，毒蛇才会小心翼翼地上前，从猎物头部开始吞入。有些蛇的毒牙长在上颌靠后的位置。毒蛇刺入毒液时看起来好像在咀嚼，因为它们需要牢牢咬住猎物，并且连续狠狠咬上好几次，直到咬出了深层伤口，它们才能注入毒液。

蛇对自己产生的蛇毒免疫吗？

可能大多数蛇是免疫的，但人类对此还没完全弄清楚。那些以猎杀其他毒蛇为生的蛇，当然对其他毒蛇的毒是免疫的。很可能那些蛇对自己的蛇毒也免疫，毕竟比如在交配时，它们也会不小心用毒牙咬到自己。但是也有报道称，一条眼镜蛇不小心咬到自己的尾巴，不久后它就死了。

理想职业:
蛇研究员

姓　名 : 提姆·扬金斯
年　龄 : 20 岁
兴趣爱好 : 喜欢戴活蛇围巾

你从什么时候开始想研究蛇的?

从我 10 岁开始。那时我们住在澳大利亚。在雨林里我们看到了很多迷人的动物,包括蛇。

你小时候养过蛇吗?

很遗憾,没有养过。我妈妈不希望冰箱里有被用来饲养蛇的冰冻老鼠。对蛇本身她倒是没有什么意见。

你现在在哪里上大学?

高中毕业后我就到澳大利亚上大学了。我想专门研究毒蛇,刚好澳大利亚这里毒蛇的数量和种类都足够多。

你被蛇咬过吗?

没有,我尽量避免这样的事情发生。

你在澳大利亚碰到过蛇吗?

当然,我碰到过一些蟒蛇,还有一条毒蛇。那是一条红腹伊澳蛇。这是我最喜欢的蛇类之一。

你之后想研究什么呢?

研究蛇毒是最刺激的。比如有些蛇毒可以降血压。我想研究蛇毒用于治疗疾病的方法——比如风湿病或糖尿病。

不可思议!

一条眼镜王蛇所携带的毒液可以杀死一头大象。

快速起效的蛇毒

当猎物的移动速度很快时,蛇毒起效的时间就必须更短。这就是为什么某些海蛇的毒液总是能在很短的时间内起效,不然它们无法在礁石上捕到任何鱼类。

一直保持着对蟒蛇的热爱: 4 岁度假时的提姆(左图)和在澳大利亚学习期间的提姆(右图)。

人有可能死于蛇毒。

蛇毒是如何起作用的?

➡ 你知道吗?

我国有很多种毒蛇,比如尖吻蝮、银环蛇、眼镜王蛇、中华眼镜蛇、龟壳花、乌苏里蝮、白唇竹叶青、圆斑蝰、金环蛇等。

毒蛇在制毒方面确实很有创造力。每条蛇都有自己专门的配方。虽然配方的构成部分不同,但它们都有同一个目标:残忍地杀死猎物。

有些蛇毒中含有神经毒素,可以阻碍神经信号的传递。这会导致猎物无法活动自身肌肉,这也意味着,猎物将无法呼吸,窒息而死,或者心脏不再跳动。

有些蛇毒中含有细胞毒素,会导致细胞被摧毁。有些细胞毒素具有极强的破坏性,甚至在猎物还活着的时候,毒素就开始分解猎物的身体,比如有些细胞毒素会分解猎物的血管,导致被咬的动物持续内出血。

还有些蛇毒中含有血液毒素,会影响猎物的凝血功能,即使是最小的伤口也无法愈合,猎物会死于内出血。当人类被毒蛇咬伤并感染这种血液毒素时,经常会先从牙齿开始流血。还有些血液毒素则会促进血液凝结——血液会变得非常浓稠,无法再流动。猎物会立即死亡,因为体内所有细小的静脉都会堵塞。

这些毒素有时会巧妙地混合在一起,并且只对某些猎物起作用:比如某些蛇用蛇毒可以杀死蜥蜴,但杀不死鸟类。

➡ 纪录
1 600万欧元

一升纯蛇毒的价格为1 600万欧元,是世界上最昂贵的液体之一。

一条澳大利亚虎蛇正在被采毒,它的毒液将被用来研制解毒剂。

一定要小心！

请不要像左图中的男人那样！被蛇咬伤可能会造成致命的后果。如右图，被一条毒蝰咬伤手会导致肿胀。如遇到其他蛇，手臂都有可能落下残疾。

人类如何提取蛇毒？

为了提取蛇毒，必须先给蛇采毒。人们让毒蛇咬住一个盖有薄膜的容器，然后按摩毒蛇的毒腺，使毒液喷出。大多数情况下，能采出的蛇毒只有几滴。人们会将采到的蛇毒立即冷冻、干燥，然后研磨成粗粉。为了采集到足够剂量的蛇毒，人们会专门饲养毒蛇。

解毒剂：危机中的救世主

如果一个人被毒蛇咬伤，必须迅速进行解毒：最好的方法是注射蛇毒解毒剂，即所谓的抗血清。制作抗蛇毒的抗血清极其困难。首先，我们需要给那些对蛇毒不敏感的动物，例如马或羊，注入稀释了许多倍的蛇毒。这些动物不会因为注入体内的毒液生病或死亡，反而会在血液中形成抗体以抵抗毒素。

人类可以通过一些复杂的手段，将这些含有抗体的抗血清从动物血液中提取出来。然后，这些抗血清还需做进一步处理，使人体对其产生的过敏反应降到最低。最后，这些抗血清会低温储存并分发给各大医院。

这些抗血清仅能对抗注入到实验动物身上的那种蛇毒，而通常我们并不知道是哪种毒蛇咬了人。因此，医生们巧妙地将当地所有毒蛇的抗血清混合在一起，并在人类被毒蛇咬伤时注射这种混合抗血清。遗憾的是，抗血清的保存时间很短，必须经常生产新的以备不时之需，再加上抗血清非常昂贵，因此，在世界上那些贫穷的国家，抗血清总是太少。有的抗血清还会有副作用，而且抗血清只能防止人因毒丧命，对伤口本身没有治疗效果。

被蛇咬了该怎么办？

最重要的一点是：不要惊慌。如果你非常激动，血液循环就会加速，蛇毒会迅速漫延到你整个身体。此外，即使你被毒蛇咬了，也不能确定体内是否真的感染了蛇毒。因为毒蛇经常会"干咬"（即没有注射蛇毒到猎物体内）。如果他们只是想保护自己，就不会向你注射毒液。但是，你必须尽快前往就近的医院。同时，将咬伤处始终保持在心脏下方（如手臂被蛇咬伤，就不要将手高举过心脏）。另外，请尽可能仔细地记住蛇的样貌。

美味的
战利品

大多数蛇对自己的食物并不挑剔。它们几乎会吞食所有大小合适的东西。进食时，它们总是先吞下猎物的头，它们觉得这样吃起来更舒服。猎物头上的角、猎物的牙齿、猎物的脚……不管是什么，它们统统都会吞下去。蛇的胃液可以消化一切。

棋斑水游蛇善于游泳，并会捕捉鱼类作为食物。它们经常在岸上吞食猎物。如果它们在进食时受到干扰，会立即跳入水中。

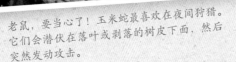

老鼠，要当心了！玉米蛇最喜欢在夜间狩猎。它们会潜伏在落叶或剥落的树皮下面，然后突然发动攻击。

不可思议！

在日本的一家动物园里，一只仓鼠曾被当作食物投喂给鼠蛇，但却出人意料地与鼠蛇成了好朋友。现在，这只仓鼠有时候会睡在鼠蛇身上，鼠蛇则以冰冻的老鼠为食。

太让人吃惊了！这条岩蟒吞食了一整头瞪羚。它要用好几天才能完全消化这头羚羊。

向一条
饱餐后的蟒蛇
提问

姓　名：非洲岩蟒
身　长：4.5 米
爱　好：攀岩和游泳

你今天过得怎么样？

我今天过得很好。我最近刚吃过一头野猪。今天早上，我在水里惬意地躺了几个小时，然后又在这个灌木丛中蜷缩了一会儿。待会儿说不定我会爬到树上去玩一会儿。

你看起来很强壮，你在做力量训练吗？

当我抓到猎物后，我们会玩一个有趣的角力游戏。我缠着它，它会想方设法挣脱，想要重获自由。但我总是赢的那一个。

你最喜欢的猎物是什么？

哦，我喜欢吃小猴子、胡狼，有时也想来头豪猪，有一次我甚至吃了一整头牛！

吃完后它在我的胃里消化了好久！

你不吃植物吗？

植物在哪儿？就是那些随处可见的绿色东西？我可不吃那个！

我现在要对你产生点儿恐惧吗？

现在还不用。我三周前吃了一顿，这会儿还饱着呢。

鼠蛇也喜欢来个蛋作为早餐。与我们不同的是，鼠蛇不用剥蛋壳，它会把蛋一整个吞下去。

知识加油站

蛇味香水

非洲地松鼠以一种惊人的方式保护自己免受蛇的袭击——它们使用蛇味香水。它们会在蛇休息过的沙滩上来回滚，或者在蛇蜕上来回蹭，让自己沾上蛇的气味。这样，它们闻起来就会很像蛇，危险的敌人就不敢轻易接近它们。

好像出了什么问题！其实这只鹭正想把小蛇当作佳肴，美餐一顿；但小蛇正试图反击来救自己一命。目前这场胜负尚不明朗。

蛇的天敌

许多动物都很喜欢吃蛇。蛇还年幼的时候处境尤其危险，它们没有父母庇佑，需要独自面对很多敌人。体形比较小的无毒蛇需要提防许多动物，而即使是最毒的蛇也有天敌。

蛇是最合适的猎物

蛇有时会吃自己的同类。这其实很容易理解，因为它们的同类正好适合它们的食道形状。此外，攻击者的身材可以适应猎物狭窄的逃跑通道也是一个原因。最夸张的要数王蛇：它们

甚至可以捕食有毒的蛇，并且对栖息地中的所有蛇毒都免疫。

眼镜蛇猎手

狐獴被称作眼镜蛇猎手。这种动物行动异常敏捷，因此，它们几乎总是可以躲开眼镜蛇可怕的攻击。在一场搏斗中，眼镜蛇会不断地攻击狐獴，等眼镜蛇累了的时候，狐獴就会快速抓住眼镜蛇。如果狐獴的动作慢了一步，它们身上的厚毛"外套"也可

眼镜王蛇几乎只以同类为食。

对于年幼的毒蛇来说，周围满是敌人。你看，一只刺猬正津津有味地品尝着一条小蝰蛇。真美味！

➡ **你知道吗？**

　　蛇的天敌不仅有以蛇为食的动物，还有使蛇致病的细菌。蛇也会像人类一样生病。有一种病是蛇才会得的，那就是有传染性的"疯蛇病"。病蛇会将自己的身体打成结，肌肉僵硬，无法翻身。蛇经常会因此而死。

蛇鹫是一种生活在非洲的大鸟。在大草原上，它会故意与蛇周旋，用强有力的翅膀拍打蛇，使蛇受到惊吓。

以起到保护作用。此外，狐獴还能耐受极高剂量的蛇毒。即使这样，它们还是必须十分小心，因为对眼镜蛇的蛇毒，它们也并非完全免疫。

大冠鹫喜欢吃蛇。成年的大冠鹫高约 70 厘米，但是它们可以捕获长达 180 厘米的蛇。为了喂养幼鸟，它们会将死去的蛇叼在喙中，带回巢穴。

空中的捕蛇者

　　蛇要提防的危险不仅仅来自地面，空中也时不时会出现它们的天敌。一些猛禽非常善于捕蛇，比如大冠鹫几乎只以蛇为食。它每天要吃 1～2 条中型体积的蛇。捕蛇的时候，大冠鹫会从高处俯冲，直接从蛇的后脑勺抓住它们。

如果蛇攻击狐獴，狐獴会闪电般躲开。等到蛇累了，狐獴就会咔嚓一下抓住蛇的脖子。

不可思议！

　　饱餐后的蟒蛇行动迟缓，无法自卫，有时甚至会被蚂蚁吃掉。

7个对付敌人的小窍门

面对众多的天敌,蛇需要建立良好的防御体系。它们有7个对付敌人的小窍门。

第一条:避免开战。蛇会本能地监听大地。当它们听到敌人的脚步声时,会马上逃跑或躲藏起来。如果来不及逃走,它们会试图欺骗或威慑敌人。通常它们会使自己看起来尽可能庞大。只有在走投无路时,它们才会发动攻击。

伪 装

因为身上的斑点与地表颜色类似,蛇可以融入地表环境而不被发现。如果一条加蓬咝蝰在落叶上蜷缩着,我们就很难辨认出它。对人类来说,最危险的是善于伪装的毒蛇。它们很难被发现,直到人类不小心踩到它们,这时毒蛇就会为了防御而攻击人类。

隐 藏

隐藏自身的方法与伪装相似。蛇要么藏在狭窄的洞里、缝隙里或石头下面,要么把自己缩在小空间里。某些种类的蛇,如侏咝蝰,能以闪电般的速度钻进沙子里,以至于仿佛完全消失了。

模 仿

即使蛇没有陷入危险,它们也会用保护色来保护自己。它们会模仿危险毒蛇的花纹,并且相信敌人不会注意到它们和真正毒蛇的区别。

知识加油站

装 死

水游蛇是个优秀的演员,它特别善于装死。装死时,它会肚皮朝天,仿佛濒死般痛苦地扭动,戏剧般地让舌头伸出来。别担心,这一切只是在演戏。一旦敌人消失,它就会马上活蹦乱跳起来。

喷 射

射毒眼镜蛇通过向敌人喷射毒液来保护自己。它们喷射毒液的距离可达数米远，而且总是瞄准敌人的眼睛。为了能做到这些，它们会将前端的毒牙弯曲成狭窄的喷嘴。好消息是它们的毒液对人类来说并不致命，但毒液的腐蚀性非常强，有致盲的危险。

警 告

许多毒蛇（如黄环林蛇）不会试图躲藏。相反，它们会清楚地表明自己的位置，仿佛在说："我在这儿呢！注意，我很危险！"

威 胁

在开始战斗前，让自己的体形变得看起来更大，这是很多动物都会使用的技巧。所以下图中的这条鹦鹉蛇威胁性地张大了它的嘴，中间图片里的响尾蛇用尾巴甩出了沙沙声，右图中的眼镜王蛇张开了它的颈部。

蛇 皮

蛇的外皮一直令人着迷，因为蛇皮不仅美丽，而且延展性也非常好。对蛇本身而言，这种所谓的美丽毫无意义，重要的是这层硬鳞是否能起到保护作用，以及蛇皮的颜色是否能进行必要的伪装。

这层硬鳞也有不足之处——不能随着蛇的身体一同长大。随着蛇的身体渐渐长大，它们必须脱掉最上层的皮肤，这被称作蜕皮。年轻的蛇蜕皮频率更高，一年约有 4 次；年龄较大的蛇生长缓慢，每年只蜕皮 1～2 次。蜕皮前，旧蛇皮会变得黯淡无光。连蛇眼上部的鳞片也

水游蛇一年蜕皮好几次。旧蛇皮从头部开始裂开，蛇会用某些硬的障碍物帮助自己剥离旧皮。

会变得浑浊。蛇的视力在这期间会大大受损，需要蜕皮的蛇会找一个安全的藏身之处。几天后，蛇会变得焦躁不安，为了破开旧蛇皮，它会将头撞向石头或树木。在旧蛇皮下面，新蛇皮已经长好了。之后这条蛇会慢慢从旧皮里钻出来，就像脱掉一只袜子那样。脱下来的皮肤我们称之为蛇蜕。

蜕皮对蛇来说有很多好处，外层的受损旧皮被替换，还可以减少寄生虫的危害。如果蜕皮过程顺利，旧蛇皮上会有清晰的蛇鳞分布。

这条松蛇即将进行蜕皮。从它黯淡的眼部皮肤我们就能分辨出这一点。

知识加油站

▶ 蛇蜕的长度比蛇本身的长度要长。

▶ 蛇身上的硬鳞片数量从出生时就固定了。在蛇逐渐长大的过程中，鳞片的数量不会增多，只是体积变大。

▶ 人们可以利用蛇蜕制作肥皂。

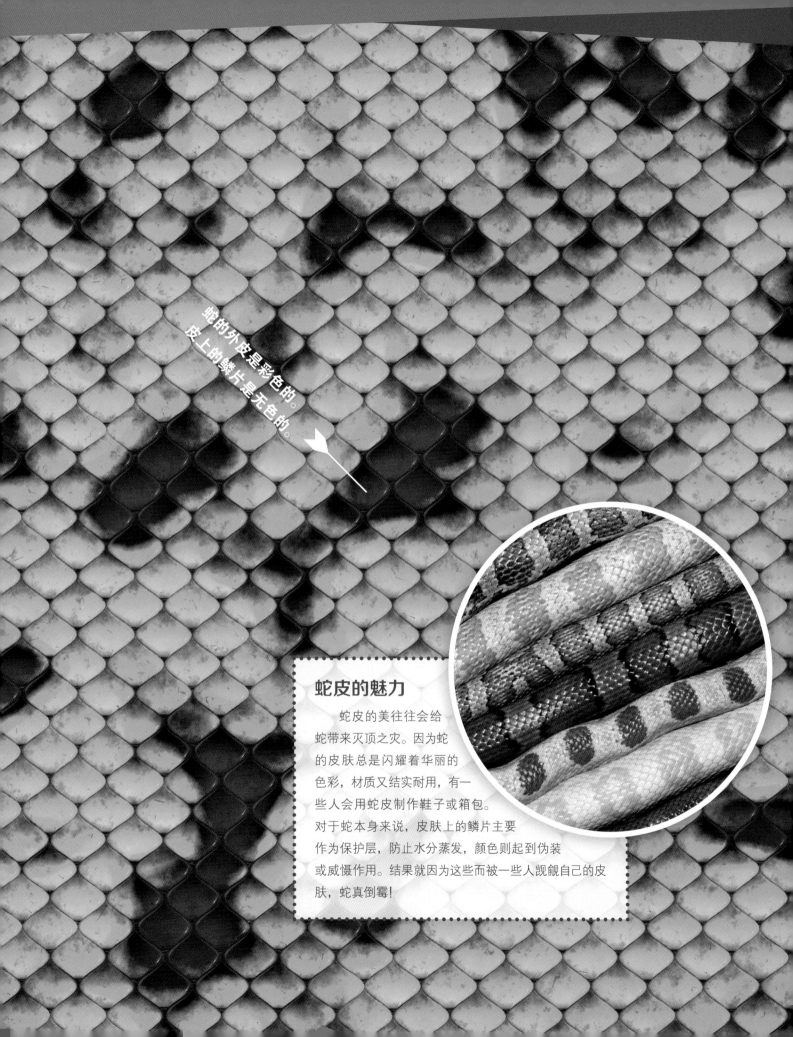

蛇的外皮是彩色的。
皮上的鳞片是无色的。

蛇皮的魅力

　　蛇皮的美往往会给
蛇带来灭顶之灾。因为蛇
的皮肤总是闪耀着华丽的
色彩，材质又结实耐用，有一
些人会用蛇皮制作鞋子或箱包。
对于蛇本身来说，皮肤上的鳞片主要
作为保护层，防止水分蒸发，颜色则起到伪装
或威慑作用。结果就因为这些而被一些人觊觎自己的皮
肤，蛇真倒霉！

锦龟喜欢在阳光下游泳，它的身上长了龟壳，没有鳞片。

鳄鱼、乌龟、褶伞蜥、王蛇和喙头蜥，观察它们的长相，它们应该都是近亲。

蛇的近亲

蚓蜥善于用头在地下钻出一条"隧道"。

  蛇属于爬行动物。其他知名的爬行动物有鳄鱼、蜥蜴、乌龟等。大部分爬行动物都是冷血动物，有一条尾巴和角质、片状的皮肤。大多数爬行动物都有四条腿，就连蛇的祖先也曾经有过四条腿。

  在阿根廷，研究人员发现了原始蛇的化石残骸。原始蛇有四条腿，栖息在洞穴里。根据这些原始蛇的化石，研究人员推测：随着时间的推移，原始蛇的四条腿渐渐后移；再后来，蛇也越来越善于不用四肢，而是通过最小的运动幅度来滑动。比较古老的蛇种中，蟒蛇和蚺蛇还保存着已经退化了的后肢痕迹。

  蛇的种类中有非常古老的物种，也有非常"现代"的物种。盲蛇是最原始的蛇之一。这种生活在土里的小蛇视力不佳，长有光滑且有光泽的鳞片。它们以白蚁或蚂蚁幼虫为食，下颌僵硬。相对而言，比较"现代"的蛇则推动了物种的进一步发展，例如眼镜蛇和其他种类的蛇。它们最重要的进化是有灵活并可以移动的下颌。依靠这种变化，蛇才能吞下比自己体积大得多的猎物。这些蛇的猎物包括老鼠、鸟类、青蛙、蜥蜴和其他蛇，任何活的、体形适当的动物都有可能成为它们的猎物。

沙蜥很享受日光浴。

有趣的事实

双头蛇

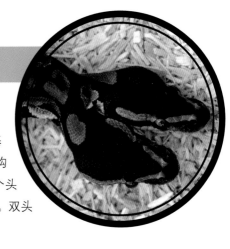

　　双头蛇非常罕见，是一种基因变异的蛇。双头蛇的身体结构非常特殊，有的双头蛇只有一个头可以吃东西，另一个头从来不吃。双头蛇的寿命都不会很长。

小测试：如何识别出一条蛇？

1 看腿。看起来像蛇但长着腿的生物可能是蜥蜴。

2 看鳞片。它有鳞片吗？如果没有，那可能是只蠕虫，或者是只大蚯蚓。

3 看鳞片的排列。鳞片是否像屋顶瓦片一样相互重叠？如果鳞片并排生长，可能是只蚓蜥，一种主要分布在非洲和南美洲的像蠕虫一样的动物。

4 看眼皮。如果眼皮能动，这就是一只无腿蜥蜴，比如蛇蜥。蛇的眼皮是坚硬、透明的，不能动。

5 看腹部。蛇的腹部有许多大的鳞片；无腿蜥蜴腹部的鳞片较小，与它们背部的鳞片相似。

人类经常将蛇蜥和蛇混淆起来。其实，蛇蜥不如蛇灵活，紧急情况下，蛇蜥为了脱身会割断自己的尾巴。

只有蛇腹部的鳞片才会和图中这条鼓腹咝蝰一样宽大。这样的鳞片可以在它们向前滑动时提供帮助。

不可思议！

　　眼镜蛇是一种毒蛇，它的背后有眼镜状的花纹。

生活在各地的蛇

人们平时很难见到蛇，有些蛇甚至已濒临灭绝。即使是不那么罕见的蛇，有些也属于受保护的物种：我们不可以抓它们，不能伤害它们，更不能弄死它们。如果你看到一条蛇，可以仔细观察，但不要去打扰它们。虽然我国的毒蛇种类很多，但幸运的是很多毒蛇的毒性对人体不会造成很大的损害。当然为了自身安全，如果被毒蛇咬伤，必须尽快就医。

水游蛇

水游蛇体形细长，头后长有明亮的圆环花纹。它们的长度可达 1.5 米，它们善于游泳，经常生活在小溪或池塘附近。水游蛇以青蛙、蟾蜍、鱼类和鸟类为食。这种小蛇是受到特别保护的物种。

极北蝰

极北蝰分布广泛，甚至在北极圈内也有它们的身影。它们以老鼠、蜥蜴、青蛙和幼鸟为食。对于人类来说，被极北蝰的毒液感染并不会致命。尽管如此，如果被咬伤，还是要及时就医。极北蝰在很多国家都受到严格保护。

阿斯克勒庇俄斯蛇

阿斯克勒庇俄斯蛇的长度可达 2 米。这种蛇最喜欢生活在阳光明媚的山坡和河边。尽管它们主要生活在低矮的灌木丛中，它们也善于爬树。有时它们会住在人类房屋的阁楼里，把房屋里的老鼠都吃个干净。

棋斑水游蛇

棋斑水游蛇生活在亚洲和欧洲的一些地方。它们非常善于游泳，可以在水中捕捉鱼、青蛙和蝌蚪。它们很少爬上岸，要么只是想晒个日光浴，要么就是想吞下一条特别巨大的鱼。不幸的是，棋斑水游蛇属于易危物种。

毒蝰

毒蝰也有毒，但毒性比极北蝰要小得多。它们分布在欧洲。毒蝰喜欢住在固定的区域，不喜欢迁移。它们通常以舒服的日光浴开始新的一天，然后捕食蜥蜴和鸟类。

西部鞭蛇

西部鞭蛇分布在欧洲的一些地方。这种蛇非常易怒，如果被人抓到，它们会毫不犹豫地咬人一口进行反击。西部鞭蛇体形细长，长度可达 2 米，善于捕捉老鼠、蜥蜴和鸟类。

沙蝰

沙蝰的鼻子上有角。这种蛇也是有毒的，它们在欧洲的南部和中东地区生活。

在热带湿地中生活着一种铠甲蝮。白天，它一动不动地躺在树枝上。

海蛇仅能生活在温暖的水中。为了便于向前移动，它们的尾巴变得扁平。

极端的生活环境

　　热带雨林是很多蛇非常理想的栖息地。热带雨林全年气候温暖，而且遍布蛇的藏身之地，猎物也十分充足。因此，大多数蛇都生活在热带雨林里——包括体形最大的蛇。人们推测，蛇体形的最大值与所在环境的平均温度直接相关。在热带雨林中，生活着很多特别的蛇：生活在树上的、水里的、地上的，甚至地下的。热带蛇经常捕食同类——因为周边的蛇实在是太多了。

　　有些蛇也可以适应干旱和炎热的地区。在此类地区，它们可以发挥自己的巨大优势——体温随外界温度变化而变化。这也是它们吃得不多，却可以在饥饿中存活数月的原因。此外，在此类地区，它们也可以伺机而动，寻找最合适的捕猎机会。如果天气太热，它们可以藏在狭小的洞穴中。在凉爽的夜晚，它们则拥有完美的捕猎装备：颊窝帮助它们在黑暗中感知到猎物；独特的身体构造帮助它们侦测到猎物的脚步声。即使在沙漠中，很多种类的蛇也能生存。它们通常皮肤色泽明亮，与沙子的颜色相似，不显眼。行动时，它们会向侧方移动，避免全部身体与滚烫的沙子接触。此外，它们体表还有坚硬、光滑的鳞片，沙子沾上就会滑落下来。天气炎热时，它们可以瞬间将自己埋入疏松的沙子中，免受阳光的暴晒。

　　有些蛇甚至会"飞"。在两棵相距甚远的树木之间，金花蛇在空中滑翔。金花蛇善于爬树，平时住在树木的较高处。如果它们想从一棵树跳到另一棵树上，它们会跳下来，展开平坦的

印度蟒生活在印度等地。它们的栖息地通常在森林中，而且总是靠近一片水域。

身体，在空中滑行。一般它们会从比较高的树枝跳到相邻树木比较低的树枝上。

全年温度适宜的水中也很适合蛇栖息。在热带地区的池塘、湖泊甚至海洋中，生活着许多水蛇。有些水蛇因为太适应在水中的生活，甚至从不上岸活动。腹斑水蛇生活在沼泽、湖泊等积水环境中，主要食物是鱼和小青蛙。海蛇主要分布在印度洋、太平洋中，分为两栖类和水栖类，两栖类海蛇在沙滩上产卵，水栖类则是卵胎生，也就是在体内孵卵。几乎所有的海蛇都有毒，它们也主要以鱼类为食。长吻海蛇的分布范围很广，有时会成千上万条地聚集在一起，在大海中穿行。

蛇是否能在沼泽里生存呢？美国佛罗里达州的例子可以说明一切。大约在20世纪80年代，那里的沼泽地里出现了缅甸蟒。它们很可能是私人养的宠物，但是后来被遗弃了。这种蛇在佛罗里达州的沼泽地里快速繁殖，据估计，现在有几万条缅甸蟒居住在那片沼泽地里。那里的狐狸、浣熊和兔子正以惊人的速度消失。只有鳄鱼才能承受这种巨蛇的入侵，因为它们足够强壮，可以攻击重达100千克的成年蟒蛇。

在森林中，一条德州鼠蛇正在树上穿行。

在纳米比亚的沙漠中，我们会看到一种角膨蝰。白天，它蜷成一团，躺在树荫下。

斑鼻蛇主要生活在北美洲的干旱地区。有时它会出现在仙人掌开出的花朵之间。

蛇类
世界纪录

最小的蛇：细盲蛇

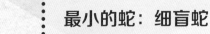

这种小蛇只有 10 厘米长，像面条一样细。它常年生活在地下，一次只能产下一个卵，因为它的卵对于身体也过于庞大了。它孵出的幼蛇大小只有成年蛇的一半。这种蛇不能变得更小了，因为它们主要以蚂蚁、白蚁和它们的幼虫为食，再小的猎物就不存在了。

最快的蛇：黑曼巴蛇

黑曼巴蛇爬行速度极快，毒性极强，还喜欢住在人类附近。这种蛇最长可达 4.5 米，会疾行穿过大草原，人类在它口下毫无生还的可能。据说，这种蛇的速度可达到每小时 20 千米。

最毒的蛇：内陆太攀蛇

这种非常罕见的内陆太攀蛇只分布在澳大利亚内陆地区。它的毒性比印度眼镜蛇和海蛇还要高。据估计，这种蛇每咬一口所分泌的毒素足以杀死 100 人。

曾经最大的蛇：泰坦巨蟒

大约 6 000 万年前，地球上曾经有一种蛇，比现在的南美洲的水蚺还要大。根据泰坦巨蟒的化石，人们推测，它应该长 13 米，重约 1 吨。人们认为，这种蛇之所以可以在当时的地球上长得如此大，主要是因为当时的地球比现在更温暖。

最长的蛇：水蚺

究竟哪种蛇是有史以来最长的蛇，仍然存在争议。就像钓鱼一样，许多人会夸大其词。

除了网纹蟒之外，水蚺无疑也有机会夺得冠军称号。已知最长的水蚺长度超过了 9 米。

水蚺也是世界上最重的蛇之一。目前最大的水蚺已经超过了 200 千克。

最美丽的蛇：蓝长腺珊瑚蛇

当然，每个饲养者都觉得自己的蛇是最美丽的。但我们觉得蓝长腺珊瑚蛇长得也很惊艳：它红色的尾巴和头部让它看上去美得像一幅画。但是请注意：它的毒液是致命的！

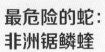

最危险的蛇：非洲锯鳞蝰

哪种蛇造成最多的人类伤亡？这个问题尚无明确答案。毒性极强的蛇通常生性羞涩，它们会避开人类。因此，特别危险的是那些善于伪装的毒蛇。世界上最危险的蛇之一是非洲锯鳞蝰。

这种蛇通常约有 50 厘米长，分布在非洲西北部。据推测，每年有约 10 万起被非洲锯鳞蝰咬伤的事故。

最无害的蛇：玉米蛇

这种无毒的玉米蛇原产于北美洲。它们喜欢住在人类附近，以便捕猎老鼠。由于玉米蛇比较安静，很多爱好者将其当作宠物，饲养在玻璃容器中。

名词解释

过敏反应：有时身体会对实际上无害的物质产生过度反应。过敏的原因可能是身体里有抗血清成分。

抗血清：一种解毒剂，如果有人被毒蛇咬伤，可以注射这种药物。

棘 突：在一些蛇身上发现的坚硬的、类似于牙齿的骨头。棘突由脊椎骨延伸出来，被用来切开蛇吞下的蛋。

针 齿：蛇口腔中向后倾斜的、尖利的牙齿。针齿不能用于咀嚼，而是用于捕捉猎物。

化 石：埋藏在地下变成像石头一样的古代动物遗体。

解毒剂：一种特殊的药物，可注射于被毒蛇咬伤的人，可以中和蛇的毒性。

颊 窝：蝮蛇亚科蛇类的特殊器官，用于感知热量。

犁鼻器：相当于蛇的"鼻子"，这个器官长在口腔后部，蛇会用犁鼻器感受舌头收集的气味。

薄 膜：一种薄而坚固的分离层，通常用于阻隔某些物质。一块橡胶皮也可称作薄膜。

模 仿：一种动物想办法使自己看上去与某种危险的动物十分相似，这样它就不容易被天敌吃掉。

蛇 蜕：蛇蜕下来的旧蛇皮。

寄生动物：依靠其他大型动物的血为生的寄生物。依靠人类的寄生物有蚊子等虫子；依靠蛇的则有寄生螨等。

瞳 孔：眼睛最中间黑色的部分。光线通过瞳孔进入眼睛。外面光线越亮，瞳孔就变得越小。

方 骨：连接蛇上颌和下颌的特殊骨骼。因为这块骨头，蛇的嘴巴可以张得很大。

爬行动物：除了蛇以外，爬行动物还包括鳄鱼、海龟、蜥蜴等。

耍蛇人：印度的一种职业。耍蛇人训练眼镜蛇在观众面前跳舞，以维持生计。

骨 架：生物的支撑性骨骼。不同脊椎动物的骨架看起来形态各异，但如果仔细观察，还是会发现许多相似之处。

触觉细胞：生物皮肤上的触觉感受器，用于接受触或压等机械刺激产生的感觉。

玻璃容器：很大的玻璃箱，用于饲养陆地动物。人类要饲养蛇的话，必须要准备一个大的玻璃容器。

泰坦巨蟒：已知地球上体积最大的巨蛇，生活在大约 6 000 万年前。人类发现了泰坦巨蟒的一些化石椎骨，猜测其体重约为 1 吨。

干 咬：毒蛇咬伤敌人自保时，会有不向伤口注射蛇毒的情况。许多人因此幸免于难。

热 带：赤道附近的气候带。在热带地区，全年天气炎热多雨，没有四季之分。

球蟒是种很小的蟒蛇，约有 2 米长。

变温动物：俗称冷血动物，是一种没有体内调温系统的动物。变温动物的体温随环境温度的变化而变化。

倒 钩：钩或叉的尖端指向后方，例如鱼钩和鱼叉。蛇的牙齿也像倒钩，由于它们的牙齿尖利、指向后方，猎物很难从蛇的口腔中逃脱。

冬 眠：当严冬来临时，一些蛇会寻找隐蔽处并在那里昏睡，几个月什么都不吃。只有当天气变暖时，它们才会再次醒来。

内 容 提 要

本书介绍了蛇的身体构造、生存环境以及有关蛇的文化历史知识，同时也介绍了蛇的许多有趣的特点，包括蛇可以吞下比自身大的猎物，蛇在很多国家被当作神灵崇拜等，从而激起小读者的阅读兴趣。《德国少年儿童百科知识全书·珍藏版》是一套引进自德国的知名少儿科普读物，内容丰富、门类齐全，内容涉及自然、地理、动物、植物、天文、地质、科技、人文等多个学科领域。本书运用丰富而精美的图片、生动的实例和青少年能够理解的语言来解释复杂的科学现象，非常适合 7 岁以上的孩子阅读。全套图书系统地、全方位地介绍了各个门类的知识，书中体现出德国人严谨的逻辑思维方式，相信对拓宽孩子的知识视野将起到积极作用。

图书在版编目（CIP）数据

蛇的故事 /（德）尼科莱·施拉夫斯基著 ；冯瑷嫒译 . -- 北京 ： 航空工业出版社 ，2022.10（2023.10 重印）
（德国少年儿童百科知识全书 ： 珍藏版）
ISBN 978-7-5165-3035-1

Ⅰ . ①蛇… Ⅱ . ①尼… ②冯… Ⅲ . ①蛇—少儿读物
Ⅳ . ① Q959.6-49

中国版本图书馆 CIP 数据核字（2022）第 075186 号

著作权合同登记号
图字 01-2022-1311

SCHLANGEN Jäger mit dem sechsten Sinn
By Nicolai Schirawski
© 2013 TESSLOFF VERLAG, Nuremberg, Germany, www.tessloff.com
© 2022 Dolphin Media, Ltd., Wuhan, P.R. China
for this edition in the simplified Chinese language
本书中文简体字版权经德国 Tessloff 出版社授予海豚传媒股份有限公司，由航空工业出版社独家出版发行。
版权所有，侵权必究。

蛇的故事
She De Gushi

航空工业出版社出版发行
（北京市朝阳区京顺路 5 号曙光大厦 C 座四层　100028）
发行部电话：010-85672663　010-85672683
鹤山雅图仕印刷有限公司印刷　　　　　全国各地新华书店经售
2022 年 10 月第 1 版　　　　　　　　 2023 年 10 月第 4 次印刷
开本：889×1194　1/16　　　　　　　 字数：50 千字
印张：3.5　　　　　　　　　　　　　 定价：35.00 元

船的故事
从帆木舟到远洋船舶

飞机的秘密
人类飞行的梦想

火山探秘
来自地底的火焰

七大奇迹
上古时期的宝藏

汽车世界
精彩的汽车发展史

鲨鱼家族
海洋里的奇猛部手

百变天气
阳光、风和暴雨

穿越大自然
探究与保护

鲸和海豚
海洋里的哺乳动物

恐龙王国
永远消失的地球霸主

矿物与岩石
闪闪发亮的宝藏

爬行与两栖动物
壁虎、蜥蜴和巨蟒

大自然的力量
难以估量的威力

改变世界的电
高电压与超导体

各种各样的鱼
水下的奇妙世界

猫的家族
拥有柔软爪的短跑健手

奇境森林
动物和植物的天堂

忠诚的狗
四只爪子的美物

浩瀚宇宙
宇宙的秘密

狼的故事
走进荒野猎食者的领地

蚂蚁和白蚁
了不起的建筑家

美丽的蝴蝶
色彩斑斓的自然精灵

蜜蜂和胡蜂
美味的蜂蜜与可怕的蜇针

潜水的魅力
潜入水下的迷人世界

古老的希腊文明
诸神、神庙和洋人

古罗马生活
古罗马组织的社会百态

欧洲风情
人口、国家和文化

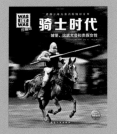
骑士时代
城堡、比武大会的奇妙女性

舞动的音符
走进音乐的奇妙世界

古老的城堡
中世纪的见证

熊的秘密生活
棕熊、大熊猫、北极熊

化石档案
生命的痕迹

奇妙的昆虫
六条腿的生存艺术家

极地世界
生活在冰雪王国

神秘的蜘蛛
丝线上的猎手

大象王国
温和的"巨人"

海底宝藏
沉没的宝藏

海洋之谜
海洋研究与保护

火星登陆
红色星球定居计划

忙碌的农场
动物、植物和农业机械

时尚魅影
时尚的古与今

全球气候
冰期和气候变化